把科技馆带回家

[第二辑]

Q弹的鸡蛋

中国科学技术馆　编著

U0189304

科学普及出版社

·北　京·

图书在版编目（CIP）数据

越做越好玩的科学．第二辑．Q弹的鸡蛋/中国科学技术馆编著．--北京：科学普及出版社，2021.3

（把科技馆带回家）

ISBN 978-7-110-10140-7

Ⅰ．①越…　Ⅱ．①中…　Ⅲ．①科学实验—儿童读物　Ⅳ．①N33-49

中国版本图书馆CIP数据核字（2020）第154482号

策划编辑　郑洪炜　李　洁
责任编辑　李　洁
封面设计　逸水翔天
正文设计　逸水翔天
责任校对　张晓莉
责任印制　徐　飞

出　　　版　科学普及出版社
发　　　行　中国科学技术出版社有限公司发行部
地　　　址　北京市海淀区中关村南大街16号
邮　　　编　100081
发行电话　010-62173865
传　　　真　010-62173081
网　　　址　http://www.cspbooks.com.cn

开　　　本　787mm×1092mm　1/16
字　　　数　240千字
印　　　张　19
印　　　数　1—5000册
版　　　次　2021年3月第1版
印　　　次　2021年3月第1次印刷
印　　　刷　北京博海升彩色印刷有限公司
书　　　号　ISBN 978-7-110-10140-7 / N・254
定　　　价　148.00元

目 录

Q弹的鸡蛋

烘焙中的**科学**

作者：张 磊

把面粉变成美味的蛋糕、饼干，烘焙中蕴藏了科学与艺术。

随着生活水平的提高，很多家庭都有了烤箱。让我们一起来动手，发挥创意，制作属于自己的美味烘焙饼干吧！在此过程中，你不仅可以享受动手制作食物的乐趣，还可以学习烘焙中的科学知识。

请准备

自制简单美味的饼干，你需要准备的食材为：低筋面粉 115 克、鸡蛋液 15 毫升、黄油 75 克、糖粉 60 克。可根据你想制作的饼干数量按比例增加或减少食材。你还需要准备烤箱、不锈钢盆、模具、油纸等烘焙工具。

烘焙材料

来动手

在室温下将75克黄油放在盆中软化，加入60克糖粉，搅拌均匀。

加入1大勺（约15毫升）鸡蛋液，搅拌均匀。

倒入115克低筋面粉，搅拌均匀，揉成面团，之后将面团压成薄片备用。

如果你想中规中矩地制作方形饼干，只需用刀将面团薄片切成相应形状即可。如果你想发挥一些创意，不妨试着用饼干模具压出不同形状的饼干，并利用蔓越莓干、白芝麻、花生碎和巧克力粉等辅料来发挥创意。相信玩过橡皮泥的你，在创意饼干设计上也会游刃有余的！

将需要烤制的饼干摆放在铺着油纸的烤盘上（注意间隙），放入已预热烤箱的中层，设置为 165℃，约烤制 20 分钟，至表面呈微金黄色。我们的饼干就制作成功啦！

科学小课堂

"烘焙"为舶来名词，源自"Baking"。烘焙食品是以面粉、酵母、食盐、砂糖和水为基本原料，添加适量油脂、乳品、鸡蛋、添加剂等，经一系列复杂的工艺手段烘焙而成的方便食品。它不仅具有丰富的营养，而且品类繁多、形色俱佳，可以作为茶点，又能作为主食，还可以作为馈赠的礼品。

饼干的发明：现代饼干产业是从英国兴起的。19世纪，英国航海技术发达，进出于世界各国。因面包含有较高的水分（35% ~ 40%）不适合作为长期航海的储备粮食，所以英国人发明了一种含水量很低的面包——饼干。

面粉的"筋度"：面粉是由小麦磨成的粉末，那么我们平时所说的高筋面粉、低筋面粉又是什么意思呢？其实面粉的"筋度"，就是指它的蛋白质含量。高筋面粉适合做面包，低筋面粉适合做蛋糕、饼干等，而我们一般吃的普通面粉通常是中筋面粉。我们吃的烤面筋，其主要成分就是面粉中的蛋白质。

烘焙中的"理化生"：饼胚在烘烤时会发生物理、化学和生物的变化。比如，水分减少、厚度增加是物理变化；面粉由生到熟、饼干色泽变为金黄是化学变化；在此过程中微生物的反应与死亡是生物变化。不同的变化都影响着我们制作饼干的最终效果。

饭盒里的 蓝天与夕阳

作者：李 博

白天天气晴朗的时候，我们会看到天空呈现蓝色，而清晨或傍晚我们望向太阳的方向，会看到周围天空被染成了红色。这可能是大家很熟悉的场景，但是，恐怕不是所有人都知道这个现象产生的原因。接下来，我们将通过一个小实验，破解蓝天与夕阳的秘密。

请准备

完成这个实验你需要准备的材料为：无色透明的塑料或玻璃饭盒、白光手电筒、一根筷子、牛奶、水。

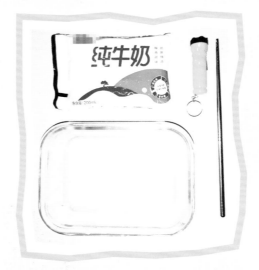

纯牛奶

实验材料

来动手

1

在透明饭盒中装上水。

2

在黑暗的环境下，将手电筒放置在饭盒短边那一侧，朝向饭盒打开手电筒，使光柱穿透饭盒中的水。

3

在水中加入几滴牛奶，用筷子搅拌均匀。然后观察水中颜色变化，如现象不明显，可继续加牛奶，直到出现明显现象。

扫码观看演示视频

当沿着手电筒光照的方向观察饭盒侧面，你会发现饭盒中的水呈现淡蓝色；当逆着手电筒的光照方向观察饭盒另一面，你会发现饭盒中的水呈现橙红色；如果从饭盒上方或旁边观察，你会发现水呈现从淡蓝色向橙红色的过渡。

从饭盒上方观察

逆着手电筒光照的方向观察

沿着手电筒光照的方向观察

在这个实验中，我们用白光手电筒模拟太阳，而用加了牛奶的水模拟大气层。当阳光穿过大气层时，会产生一种名为"瑞利散射"的效应，光线会偏离原来的方向向四周分散。光是一种电磁波，看起来呈现白色的光，其实是由各种单色光组成的，每种单色光的波长各不相同。瑞利散射的强度和光的波长密切相关，波长越短，散射越厉害。

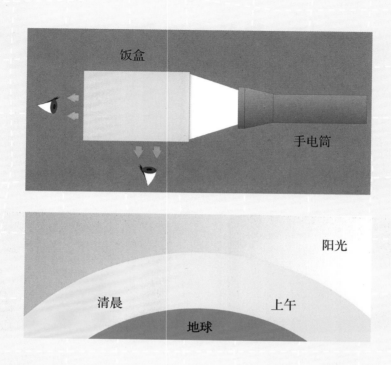

饭盒

手电筒

阳光

清晨　　　　　　　　　　上午

地球

　　当阳光穿过大气层时，波长最短的蓝紫光散射得最厉害，所以，我们看到的天空是蓝色的。同样，用手电的灯光穿过加了牛奶的水时，蓝紫光向四周散射，在饭盒的侧面或上方就会看到水呈现淡蓝色。

　　在清晨或傍晚，天空的大部分区域还是蓝色的，但当我们迎着阳光的方向看过去，由于阳光要穿过很厚的大气层，蓝紫光等短波长的光都在路上被散射掉了，只剩下橙红光射入我们的眼睛，所以看起来太阳周围的天空呈现橙红色。当我们在与手电筒相对那一侧观察饭盒时，看到水变成橙红色，原理也是一样的。

　　可能有人还有疑问：为什么天空是蓝色的，而不是波长更短的紫色呢？其实原因很简单——白光里的紫光没有蓝光多。

瓶子里的"云"

作者：秦英超

云朵绚丽多彩，仪态万千。它不仅是天气预报的小能手，也是古往今来文人墨客美好情怀的寄托，更是生活里变幻多姿引人驻足的美景。想知道这神秘而又自带浪漫属性的云朵是怎样形成的吗？快来一起揭开它的面纱吧！

请准备

完成这个实验，你需要准备的材料为：带盖广口瓶或类似容器、冰块若干（能覆盖广口瓶盖即可）、热水、棉棒和打火机。

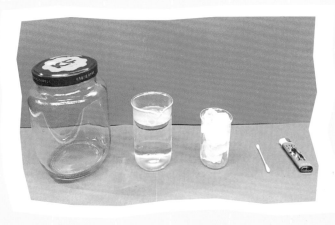

实验材料

来动手

1

把热水倒进广口瓶里，旋转瓶身，使热水温暖广口瓶的四周，然后将热水倒掉。

2

将瓶盖翻过来放在广口瓶上，然后把冰块装入瓶盖内，停留 20 秒。

扫码观看演示视频

10

移开瓶盖，迅速点燃一根棉棒放进广口
瓶内，停留3秒拿出来，再把瓶盖连同冰块
一起放回瓶子上。

4

仔细观察瓶子内部，你会发现"云"已经成
功生成啦！你还可以移开瓶盖，让"云"飘出来。

科学小课堂

在这个实验中，瓶子里"云"的形成有三个要素：一是空气中有足够的水汽，二是有水汽凝结的温度条件，三是空气中要有杂质质点充当凝结核。三个条件缺一不可。

当我们把热水注入广口瓶后，瓶内温度升高，并且会产生大量水蒸气，将装有冰块的瓶盖放置在瓶口上，瓶内温度会骤然降低，水蒸气遇冷迅速凝结，这时就能看见瓶壁四周从上到下开始出现"雾蒙蒙"的小水珠。不过，此时无论停留多久，我们看到的都只是一些液化的小水珠，它们并没有凝结到一起产生"云"。想要形成"云"还差一个条件：充当凝结核的杂质质点。最后，通过点燃棉棒，利用其产生的细小烟雾颗粒作为凝结核，水蒸气冷凝后便形成了"云"。

实际上，天空中云的形成过程要复杂得多。简单来说，就是在对流层里，一团空气由于热力或动力因素上升，在上升过程中，周围气压随着高度增加而下降，空气团发生膨胀，温度降低，此物理过程叫绝热膨胀，是空气团的主要降温方式。而空气团中悬浮的各种微粒，为云的形成提供了必要的凝结核和成冰核，随着温度降低，水汽在凝结核上凝结出大量小水滴，如果温度继续降低，水汽还会在成冰核上凝华成小冰晶，在这些小水滴和小冰晶逐渐增多并达到人眼能辨认的程度时，云就形成了。

云的形成是一个很有趣的问题，各种奇形怪状的云团成因也各不相同，它们在天气预测和水循环中起着重要作用。

茶水变色

作者：刘枝灵

你是否多次被魔术师的精彩表演所震撼，是否对魔术背后的秘密百思不得其解？今天我们一起来探秘"生活魔术之茶水变色"，让你摇身变成魔术大咖！

请准备

完成这个魔术，你需要准备的材料为：茶壶、茶杯、茶叶、玻璃棒、勺子、维生素 C 试剂、硫酸亚铁试剂。

魔术材料

小·贴士

硫酸亚铁试剂可以在化学试剂店购买；维生素 C 试剂可在药店购买，或用富含维生素 C 的饮料代替。

将茶水泡好，分别倒入两个水杯中备用。

用勺子取少量硫酸亚铁试剂（约0.05克），加入右边的茶水中，只要轻轻搅拌一下，原本澄清的茶水瞬间变成了墨水一般。

硫酸亚铁试剂

在已经变为"墨水"的杯子中加入一勺维生素C试剂（约0.5克）并搅拌，你会发现"墨水"又瞬间变回了茶水的颜色。

维生素C试剂

科学小课堂

茶水会变色是由于茶水中含有鞣酸，伴随着硫酸亚铁试剂的加入，鞣酸与硫酸亚铁反应，生成鞣酸亚铁，而鞣酸亚铁很容易被氧化为黑色的鞣酸铁，故茶水变成了"墨水"；当加入维生素 C 试剂后，由于维生素 C 具有还原性，可以将鞣酸铁还原为无色的鞣酸亚铁，故茶水恢复澄清。

温馨提示

化学实验请在家长的监护下进行！
加入化学试剂的茶水请勿饮用！

彩色蔬果"鸡尾酒"

作者：张 璐

在酒吧里，可以见到各式各样的鸡尾酒，五颜六色的分层效果，让人看着就很想畅饮一杯。今天，就教大家用蔬菜汁和水果汁，调制一杯小朋友能喝的不含酒精的彩色蔬果"鸡尾酒"。听起来是不是很有趣，快来一起动手吧！

请准备

自制彩色蔬果"鸡尾酒"，你所需要准备的材料为：白开水适量、3只200毫升容量的烧杯、一只500毫升容量的烧杯、酒杯、勺子、搅拌棒、食用白糖适量、蔬菜汁若干（为拍摄效果明显，此处用食用色素代替）。

制作材料

来动手

在 350 毫升白开水中加入 5 ～ 7 勺白糖，充分搅拌，直至白糖全部溶解。

2

将糖水依次倒入 3 只玻璃杯中，分别倒入 200 毫升、100 毫升和 50 毫升。

在 3 只玻璃杯中加入不同颜色的食用色素。

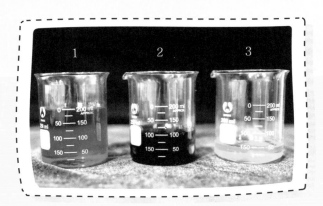

在玻璃杯 2、3 中加入适量白开水，直至 3 只
玻璃杯中溶液体积全部为 200 毫升。

依次将玻璃杯 3、2、1 中的溶液缓慢倒入酒杯中，顺序不要搞错哦！每种溶液不超过酒杯的三分之一。倒入时可用玻璃棒进行引流。

彩色鸡尾酒已经调制完成了，滴上两滴柠檬汁，酸甜可口又清爽，赶快给它起一个好听的名字吧！

温馨提示

为了效果明显，此次调制使用了食用色素，色素调制出来的"鸡尾酒"不能饮用。大家制作时，可加入适量紫甘蓝汁、菠菜汁、胡萝卜汁、芒果汁等天然蔬菜汁和水果汁调色！

　　将白糖加入白开水中，白开水变成白糖溶液，由于三杯糖水中的溶质（白糖）含量不同，所以溶液的密度也不同，这样就形成了分层的效果。由于是同种物质的溶液，所以在分层交接处会相互溶解，最终呈现渐变分层的神奇效果。

　　生活中，除了白糖，还有哪种物质的溶液能产生这种效果？如果用食盐代替白糖是否可以呢？想寻找答案，不妨动手试试看！

奇妙的 酸奶DIY

作者：张 磊

在古老的传说里，酸奶被称为"先知的饮料"，也被称为"长寿牛奶"，因为酸奶对人体健康的确有益。酸奶由牛奶发酵而成，除保留了牛奶的营养成分外，在发酵过程中，乳酸菌还可以产生人体营养所必需的多种维生素。酸奶口感细腻滑润，利于人体消化吸收，并能有效地改善肠道菌群，刺激胃肠蠕动，预防便秘并提高人体对钙、磷、铁等的吸收。今天我们就来动手制作好喝又有营养的酸奶！

制作酸奶，你需要准备的材料为：市售原味酸奶（未经灭菌，保留活性乳酸菌）、原味纯牛奶（经高温灭菌）、蔗糖、杯子、勺子、封口膜。

制作材料

来动手

杯子、封口膜、勺子灭菌备用，操作过程中尽量减少污染。可以用开水煮烫来灭菌。

取约 20 毫升市售未经灭菌的原味酸奶，倒入杯中。取约 100 毫升市售灭菌的原味纯牛奶，倒入杯中。

根据口味需要，添加约 6 克蔗糖到杯中。

用勺子混合均匀，
封口。

在42℃左右的环境中
进行发酵培养6～8小时。
可以尝试用电饭锅、焖锅、
暖气等来实现温度的控制。

置于冰箱数小时，
待冷却老熟后便形成
酸奶。

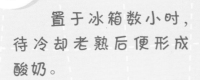

虽然酸奶对人体健康有益，但在饮用时也有一些注意事项。

饮用酸奶时要适可而止，饮用过多易导致胃酸过高，影响胃肠道黏膜消化酶的正常分泌，引起食欲不振和人体电解质平衡失调。

酸奶不宜蒸煮或空腹饮用，因为高温或空腹时高浓度的胃液将杀死酸奶中的活性乳酸菌，降低酸奶的保健作用和营养价值。

酸奶也不宜与氯霉素、红霉素等药物或者治疗腹泻的收敛剂同时服用，因为这不仅会降低药效，也会使酸奶中的营养成分遭到破坏，甚至还会产生一些副作用。

吃完酸奶后应及时漱口或刷牙，因为酸奶中的乳酸菌可使口腔内残留的蔗糖、淀粉发酵产生乳酸，使牙组织内的无机盐逐渐溶解而脱钙，进而引发牙本质过敏、龋齿等疾病。

点水成冰

作者：张志坚

　　喜欢观看魔术表演的人一定非常熟悉"点水成冰"这个魔术，只要用手指轻点水面，水就会慢慢结冰。由中国科学技术馆展览教育中心推出的科学表演——《春江花月夜》也运用了这一魔术，仙女笔尖轻点，瓶中水慢慢结冰。下面就让我们一起探究"点水成冰"的奥秘吧！

表演这个魔术，你需要准备的材料为：无水乙酸钠、2 只烧杯、玻璃棒、计量秤、小勺、微波炉、手套、口罩、护目镜。

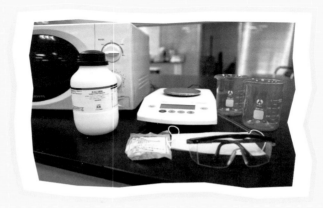

魔术材料

用计量秤称量 150 克无水乙酸钠，放入烧杯中。

向烧杯中加入100毫升的水。将烧杯放入微波炉中加热，直至无水乙酸钠完全溶解。

小·妙招

微波炉加热之后，溶液的表面和杯壁都会有结晶，这时可以向烧杯中加入少量的水，结晶可以缓慢溶解。

将完全溶解的乙酸钠溶液倒入一个干净的烧杯中，使用保鲜膜密封。

温馨提示

此步骤中溶液温度较高，要小心烫手，需要带上微波炉手套进行操作。

4

待烧杯中溶液温度降至常温后放置于 4℃ 的冰箱中冷却。待烧杯中溶液冷却后，我们魔术中的"水"就制作完成了。

用手指蘸一点乙酸钠粉末，然后在"水"的表面轻轻一点，烧杯中的水就可以瞬间结成"冰"了！

　　为什么"水"会瞬间结"冰"呢？其实在魔术中所用的"水"是乙酸钠的过饱和溶液。由于溶液中没有结晶核，因此过量的乙酸钠并不会析出。当手指或笔尖上的乙酸钠粉末接触到过饱和溶液后，提供了结晶核，溶液中的乙酸钠就开始结晶，也就是我们看到的"结冰"过程了。

　　原理就是这么简单，是不是有种想要自己表演这个魔术的冲动呢？快来自己动手试试吧！

　　相信这个魔术实验一定会为你博得满堂喝彩！

　　请你摸一下"冰"，它竟然是热的！这又是为什么呢？在乙酸钠过饱和溶液结晶的过程中，会放出大量的热。我们冬季取暖使用的一种"暖宝宝"就是应用结晶放热这一特点制成的。

Q弹的鸡蛋

隐形墨水

作者：张 磊 张志坚

也许你在电影里看到过这样的情景：情报员为了不泄露秘密，经常用"密信"的形式来传递重要消息。一封密信，在平常人看来并无特别，但当采用某种方法稍加处理后，它的真面目就显现出来了。

在今天的实验中，我们就向大家介绍3种经典的隐形墨水配制与显形方法，并利用它们揭示隐形墨水隐形和显形的奥秘。

请准备

配方一的实验材料：纸板、棉签、米汤、碘酒、盛放溶液的器具。

配方一的实验材料

小·贴士

实验中没有使用白纸而使用了纸板，这是因为很多白纸中含有较多淀粉，会使背景蓝色较深，干扰字迹的辨别。

来动手

用棉签蘸取米汤，在纸板上写下隐秘信息。当晾干后，字迹不可见。

2

用棉签蘸取碘酒，在纸板上轻轻地、均匀地涂抹一遍，蓝色的字迹便显现出来了。

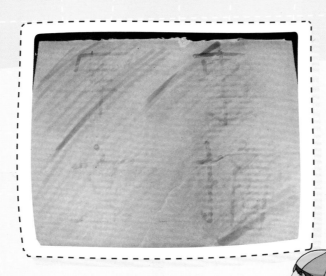

配方一的显形效果

配方二的实验材料：白纸、棉签、维生素C溶液（可用维生素C片溶于水制作）、碘酒、盛放溶液的器具。

配方二的实验材料

来动手

1

用棉签蘸取维生素C溶液，在白纸上写下隐秘信息。当晾干后，字迹不可见。

2

用棉签蘸取碘酒，在白纸上轻轻地、均匀地涂抹一遍，背景变为蓝色，无色的字迹便显现出来了。

配方二的显形效果

配方三的实验材料：白纸、棉签、牛奶、镊子、蜡烛、火柴（打火机）。

配方三的实验材料

用棉签蘸取牛奶，在白纸上写下隐秘信息。当白纸晾干后，字迹不可见。

用镊子夹着白纸，在蜡烛的火焰上均匀烘烤，黄褐色的隐秘信息便显现出来了。

配方三的显形步骤

配方三的显形效果

温馨提示

烘烤要均匀，避免白纸燃烧起来！你也可以用电熨斗加热白纸，使字迹显现。另外，请小朋友一定要在家长的监护下进行此实验，注意安全！

以上介绍的3种隐形墨水是如何显形的？

配方一的显形原理：

无色的米汤中含有淀粉，会与红棕色的碘酒中的碘发生反应，呈现蓝色。我们也可以利用淀粉溶液、土豆汁等来代替米汤，因为它们也含有淀粉。

配方二的显形原理：

碘酒中的碘与白纸中的淀粉发生反应，使白纸呈现蓝色背景。而维生素C具有还原性，也可以与碘发生反应，最终导致用维生素C写了字迹的部分，没有碘再与淀粉发生反应，便呈现出无色的字迹。

配方三的显形原理：

牛奶中含有大量的蛋白质，在加热后，蛋白质变性形成了黄褐色的沉淀物质，显示在白纸上。

隐形墨水书写的密信不只出现在电影、电视剧中，在真实世界中也确有使用。美国中央情报局（CIA）在2011年首次解密了6份机密文档，这批文档最早可以追溯到第一次世界大战时期，揭示了不少间谍、将领和外交官都使用的隐形墨水技术。如果你对此感兴趣，不妨用互联网搜索这些解密的文件原版，了解100年前的隐形墨水信息传递技术。

水中燃烧的蜡烛

作者：高 闯

大家都知道水是可以浇灭火焰的。那么，当水和火亲密接触时，是不是就不能"和平共处"了呢？我们今天来做个神奇的实验，看看蜡烛能否在水中燃烧。

请准备

完成这个实验，你需要准备的材料为：蜡烛、烧杯（可以用碗或其他类似容器代替）、火柴（打火机）、水。

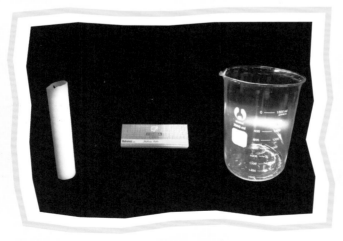

实验材料

来动手

根据所准备的容器的深度，裁剪蜡烛的长度，使蜡烛高度比容器深度短1~2厘米。然后将蜡烛置于烧杯（碗或其他类似容器）中间，固定（可以找个螺母套在蜡烛底部，或是把蜡油滴在底部，迅速把蜡烛粘在上面），点燃。

向烧杯（碗或其他类似容器）内注水，直至液面高度临近蜡烛火焰（为方便观察，可以向水中加入少量颜料，使水染上颜色）。

蜡烛继续燃烧，当液面与蜡烛的火焰根部齐平后，会发生什么？请仔细观察想想这是为什么呢？

科学小课堂

当水面与蜡烛的火焰根部齐平后，蜡烛还会继续燃烧，这是为什么呢？

按照常理，如果水接触到火焰，一定会把蜡烛的火焰浇灭的。但我们仔细回想一下这个蜡烛燃烧的全过程，就会有所领悟。因为这个过程不是简单的水面漫过火焰，将其浇灭。蜡烛燃烧时，会在火焰周围形成液态的蜡，而外部的水使这个液态的蜡凝固，形成一个蜡制成的保护墙，以免火焰遭受水的干扰，从而形成了水下火焰的结果。

温馨提示

小朋友做有关火的实验时，一定要在家长的陪同下完成。应时刻提高警惕，杜绝火灾隐患。

土豆淀粉长啥样

作者：张 磊

土豆，又名马铃薯、洋山芋等，是大家非常熟悉的食物。它既可以作粮食，又可以作蔬菜，既有营养口感又好，就连科幻电影《火星救援》中的主人公在火星上都选择了种植土豆。

土豆还是全球第四大粮食作物，它富含淀粉。土豆淀粉长啥样？是白色的粉末吗？今天，就让我们一起去看看土豆淀粉是什么样子的。

请准备

完成这个实验，你需要准备的材料为：显微镜、载玻片、盖玻片、烧杯、滴管、试管、土豆、碘酒。

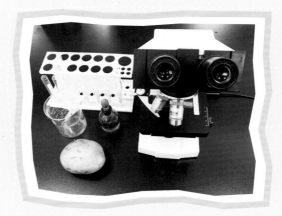

实验材料

来动手

　　把土豆切片，在土豆片上滴加碘酒，也可以在试管内加入土豆汁和碘酒。土豆片（土豆汁）变蓝了，证明土豆中含有淀粉。

滴上碘酒的土豆片

滴有碘酒的土豆汁

取一小块土豆，在载玻片上直接涂片，滴上一滴蒸馏水，盖上盖玻片，然后借助显微镜进行观察。

在显微镜下，淀粉在细胞里是以颗粒形式存在的，叫作淀粉粒。这些圆形、椭圆形的颗粒就是土豆的淀粉粒。不同来源的淀粉其淀粉粒形状、大小各不相同，有圆形、椭圆形和多角形等，使用显微镜观察可以帮助区别不同的淀粉或确定未知淀粉的种类。

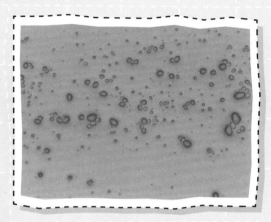

染色前的淀粉粒

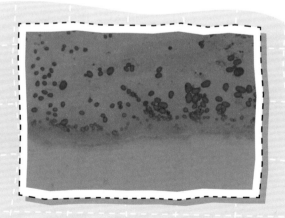

滴一滴碘酒在涂抹有土豆的载玻片上，盖上盖玻片，用显微镜观察。碘酒将每个小颗粒都染成了蓝色，证明它们都是淀粉粒。

用碘酒染色后的淀粉粒

科学小课堂

在电影《火星救援》中，主人公马克身处火星，而他的食物只够一个月的供应。为了生存，他利用火星的土壤和自制的肥料种植土豆，并对手头的所有材料物尽其用，解决了氧气、水等问题。

虽然这只是科幻电影，但科学家一直在关注火星，研究人类移民火星的可能性，也一直在设想建立太空农场。那么，什么农作物适合种植在太空，甚至火星上呢？

美国国家航空航天局（NASA）的植物学家惠勒认为，土豆是很好的选择之一，因为土豆具有以下的优点。

1．土豆既可以作为粮食，又可以作为蔬菜，既有营养口感又好，可以地下存储和多种方式加工。

2．土豆作为粮食，提供的大量碳水化合物是人类主要能量来源。块茎中含有大量淀粉（优质淀粉），可高达20%，易熟，饱腹感强。

3．土豆的营养价值高，含有2%的高质量蛋白质和18种人体必需氨基酸，以及丰富的维生素和矿物质，尤其是含有禾谷类粮食所没有的维生素A和维生素C，其所含的维生素C是苹果的10倍。

4．土豆能够在不良环境中生长，在获得等量阳光的时候，食物产量是其他作物的2倍。

也许在不久的未来，在火星上种植土豆将不再是科幻电影中的情节。

自制 环保胶水

作者：辛尤隆

　　我们在贴免冠照、制作剪贴画、封信封或红包、贴对联和窗花的时候都需要胶水，可有的时候，越是想用胶水越是找不到。别慌，今天就教大家如何用生活中的物品来制作两种胶水，天然又环保！

玉米胶水

请准备

　　制作玉米胶水，你需要准备的材料为：玉米淀粉、水、电磁炉、锅、玻璃棒（筷子）。

制作玉米胶水的材料

1 将适量的玉米淀粉倒入锅中，电磁炉先不要打开。

 2 将一杯清水慢慢倒入锅中，直至能够覆盖玉米淀粉。

3 将电磁炉的功率调至 600 瓦，用玻璃棒（筷子）快速搅拌。

4 搅拌到玉米淀粉变黏稠，变得相对透明为止，这时玉米胶水就做好啦！快去尝试粘一粘、贴一贴吧！

制作芋头胶棒，你需要准备的材料为：芋头、水、高压锅、电磁炉、手套。

芋头胶棒的制作材料

来动手

1

将芋头放在高压锅的托盘上，高压锅中放适量的水，高压锅放电磁炉上。

将高压锅的锅盖盖紧。
高温加热 10 分钟，低温加
热 10 分钟。

将煮熟的芋头去一半的
皮。刚煮熟的芋头非常烫手，
芋头去皮须戴上隔热手套。

芋头此时已经变身固
体胶啦，可以用它去皮的
部分来粘信封等材料。

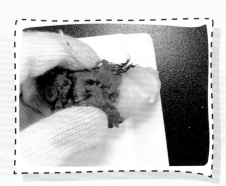

　　玉米胶水和芋头胶棒的原料天然又环保，属于天然粘胶剂。其实还有个更加日常的粘胶剂材料——煮熟的大米。用煮熟的大米粘信封，也可以达到同样的效果。

　　为什么芋头、玉米淀粉，甚至大米都有这么强的黏性呢？真相就是，这些物质中都含有丰富的淀粉。淀粉放入水中加热，达到一定温度后会糊化，淀粉粒溶胀、胶束结构全部崩溃，就会形成黏稠均匀的透明糊溶液。

Q弹的鸡蛋

手工皂的奥秘

作者：张 磊

手工皂是目前流行的一种手工DIY，可以作为香皂或肥皂使用。你可以根据自己的喜好，制作出造型各异、色彩斑斓的手工皂，还可以加入精油，使手工皂具有不同的香型和功效。

今天，我们就来了解手工皂的性质，并一起制作手工皂吧！

请准备

制作手工皂，你需要准备的材料为：皂基、牛奶、基础油、色素、精油、模具、烧杯和滴管等。另外，微波炉和冰箱也是需要使用的。

制作材料

 **来动手**

根据制作手工皂的多少，取适量皂基放在烧杯内，用微波炉加热融化。

2

在融化的皂基中加入牛奶，制作牛奶皂。每100克皂基中加入50毫升的牛奶。

3

根据自己的喜好，加入几滴色素、基础油和精油，用于调节颜色、香味和功能。

4

将上述混合均匀的液体倒入模具中，去除多余的泡沫，置于冰箱中冷却至皂体凝固。

5

将皂体从模具中取出，漂亮的手工皂就做成功啦！

手工皂的历史非常悠久。相传 4000 年前古希腊人用动物祭天，木材焚烧后的灰烬与动物脂肪混合在一起，产生了一种黄色物质。大雨把这些东西冲刷到当地妇女经常洗衣的河流中，人们惊奇地发现，衣服洗得更干净了。在我国，宋代就出现了利用皂荚和香料等物混合的"肥皂团"，用于洗面浴身。

1．手工皂的酸碱性

皂基是手工皂的基础原料。按照一定比例，将加热融化的皂基与基础油、精油和色素等混合，就制成了手工皂。皂基的成分是脂肪酸钠，具有一定的碱性，可以用 pH 试纸进行测量。

我们皮肤表面为弱酸性（pH 值为 6.5 左右），使用手工皂洗涤后，皮肤表面的 pH 值会暂时有较大上升。如果你是高度过敏的皮肤，需要注意哦！

2．手工皂与水的硬度

水的硬度最初是指水中钙、镁离子沉淀肥皂水的能力。

将等量的肥皂水分别滴加到盛有等量软水、硬水的试管中，振荡均匀后观察：硬水中泡沫少，浮渣多；软水中泡沫多，浮渣少。这是因为，肥皂会与钙离子、镁离子发生化学反应，生成不溶于水的沉淀。

所以，在硬水中，用手工皂清洗衣服，洗涤效果会大打折扣！

提取叶绿素

作者：张志坚

"春天绿草争相发芽，夏天绿叶繁茂枝头，秋天红叶倾尽挥洒，冬天雪花飘落树梢。"在一年四季中，大自然会为我们呈现不同的美景，树叶也会悄悄地变绿再变黄。那树叶中的绿色是怎样来的呢？其实树叶的绿色来自叶片中的叶绿素，让我们通过实验提取叶绿素，来一探究竟吧！

请准备

完成这个实验，你需要准备的材料为：研钵、研锤、漏斗、滤纸、试管、滴管、剪刀、石英砂、碳酸钙、酒精、菠菜叶、LED灯。

实验材料

来动手

1

取材：取 2～3 片菠菜叶，撕去叶脉，尽量剪碎，放入研钵。

2

研磨：向研钵中放入少量石英砂和碳酸钙，加入两滴管的酒精，边加酒精边研磨，充分地研磨至匀浆状态。

3

过滤：在漏斗上放入滤纸，将研磨液倒入漏斗中，漏斗下端放置试管，过滤得到滤液。

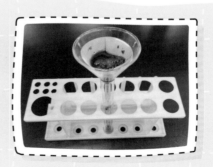

观察：用 LED 灯照射试管中的叶绿素溶液，分别观察反射光和透射光的颜色。叶绿素溶液在透射光下呈绿色，而在反射光下呈红色。

透射光下呈绿色

反射光下呈红色

　　叶绿素溶液在同一种光的照射下，为什么会出现不同的颜色呢？

　　叶绿体中的色素能大量吸收红光和蓝紫光，几乎不吸收绿光，白光透过色素提取液时，白光中的红光和蓝紫光被吸收了，剩下的主要就是绿光。

　　我们看到反射光是暗红色的，是由于溶液中的色素吸收了蓝紫光后不能用于光合作用，就会形成红光重新发射出来。

　　由于透过的绿光很多，反射的绿光很少，因此，从透射方向看以绿光为主，我们看起来是绿色的，从反射方向看，绿光很少，以红光为主，我们看起来就是红色的。

Q弹的鸡蛋

作者：李 一

提问：一个生鸡蛋如何弹起来？

——你是专门被派来侮辱我智商的吗？

——摔碎啦！摔碎啦！摔碎啦！

等一等，事实未必如此显而易见。也许鸡蛋落地的瞬间会弹起来呢！这是什么情况？没被摔碎，反而自己弹起来啦！

这个具有弹性的家伙，看起来晶莹剔透，它真的是鸡蛋吗？

这绝对是一枚如假包换的真鸡蛋。你要是不信，那就一起来动手把家里的生鸡蛋变成这样一枚皮滑光亮、Q弹诱人的弹力蛋吧！

完成这个实验，你需要准备的材料为：生鸡蛋1枚（鸡蛋不能有裂缝、不能有破壳，一定要完整），白醋1瓶，能装下生鸡蛋的容器1个，口罩1个（相信我，这绝不是多余的，被熏出来的眼泪就是教训啊！）。

实验材料

将鸡蛋放入容器中。

扫码观看演示视频

将白醋倒入放有鸡蛋的容器中，直到将鸡蛋全部浸没为止。请戴口罩进行此步骤操作。

耐心地等待 7 天。其间，你可以去干其他的事情。当然，如果你静静地看着它，你会发现，它逐渐变了样子。

7 天以后，把鸡蛋捞出来用清水冲一下。

看一看：个头似乎更大了；

摸一摸：蛋壳变得 Q 弹了。

恭喜你，成功帮助一枚生鸡蛋变身为弹力蛋！

温馨提示

弹力蛋不能食用。

弹力蛋很柔弱，不可当成弹力球扔。

生鸡蛋如何变身弹力蛋？

易碎的蛋壳被溶解。还记得将白醋倒入装有鸡蛋的容器中，蛋壳表面会有一层细密的气泡出现吗？其实这是因为蛋壳的主要成分是碳酸钙，而白醋中的醋酸与碳酸钙发生化学反应产生一种叫作二氧化碳的气体，这些小气泡就是二氧化碳啦。

蛋壳被醋酸溶解掉了，蛋液为什么没有流出来呢？卵壳膜功不可没！卵壳膜就是在我们剥熟鸡蛋的时候，蛋白与蛋壳之间的一层薄薄的膜，老爱粘手的那个膜。实验中，醋酸虽然溶解了蛋壳，却对这柔软的卵壳膜没有办法，于是它撑起了保护鸡蛋、保护蛋液不流出去的重担。

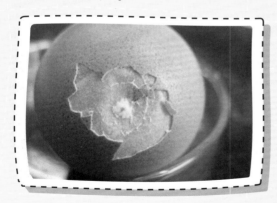

卵壳膜

这层柔软的薄膜神奇之处在于：它是一种半透膜，只允许小的分子穿过（比如水分子），而大分子的蛋液是通不过去的。当醋泡着鸡蛋时，内部的蛋液浓度高于醋溶液，水分子就会由外部向内渗透，直到卵壳膜两边的液体浓度相等。这样一来，弹力鸡蛋看起来就比普通生鸡蛋个头儿要大一些。

鸡蛋可以变弹力蛋，那鸭蛋、鹅蛋、鹌鹑蛋呢？快来自己探究一下吧！

纳米材料的 **防水绝技**

作者：景仕通

纳米材料在我们的生活中已经有了广泛的应用，纳米玻璃就是其中的一种。当把水从普通玻璃和纳米玻璃上分别倒下时，在普通玻璃上会留下水迹，而在有纳米涂层的玻璃上却不会留下任何痕迹，这究竟是为什么呢？

不知你有没有关注过荷叶上晶莹剔透的水珠。在感叹伟大而神奇的大自然时，你想不想自己动手得到这样的水珠呢？今天，就满足你的这个愿望！

请准备

完成这个实验，你需要准备的材料为：
水盆、不锈钢勺、蜡烛、火柴、水。

实验材料

来动手

在水盆中倒入清水，用勺子舀起一点水，观察水在勺子中的形态。普通的水在普通的勺子里是"软趴趴"的状态。

2

点燃蜡烛，握住勺把的远端（记得一定是远端，以防烫伤），将勺子的正面放置在火焰的正上方熏烤，直至勺子正面全部烤黑。

 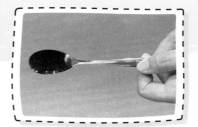

温馨提示

蜡烛下方可放少许厨房纸，以防蜡烛油凝固在桌面不易清理；这一步要用到火柴点燃蜡烛，所以小朋友一定要记得喊家长来帮忙，安全第一！

将熏黑的勺子稍微冷却后，舀一点水，观察勺子盛水的效果。

科学小课堂

　　用蜡烛烤过的勺子中的水不再是"软趴趴"的，而是形成了一颗晶莹剔透的小水滴，在勺子中滚动。这是不是和荷叶上的露珠有了异曲同工之妙？

　　你知道这神奇现象的背后，隐藏着哪些科学原理吗？

　　首先，我们来看看在荷叶上为什么能形成水滴。荷叶的表面并不像我们想象的那般光滑，它的表面覆有一层细茸毛和细小的蜡质颗粒，这种细小可不是普通的细小，它的尺寸已经达到了纳米级。纳米有多小？ 1纳米等于十亿分之一米，长度大概是头发丝直径的万分之一。正是荷叶上的这层"纳米膜"，使荷叶产生了"疏水性"，阻止了水滴向其他方向蔓延，所以我们才能在荷叶上看到圆滚滚的水滴。科学家给这个现象起了一个好听的名字——荷叶效应，也叫作莲花效应。不仅如此，当水滴滚动时还能带走荷叶表面的灰尘，我们常说莲花"出淤泥而不染"，就是这个原因啦！

　　在这个小实验中，我们用蜡烛熏勺子的过程就是一个"镀层"的过程。当传热性快的勺子与火焰接触时，会让火焰温度降低而使蜡烛不能充分燃烧，而未能充分燃烧的碳元素就会覆盖在

勺面上形成一层"碳纳米涂层"，所以在勺子上也发生了神奇的荷叶效应。

如果我们把这样的纳米涂层镀到其他东西上，会不会也能产生这样神奇的效果呢？聪明的科学家已经想到啦！他们将纳米涂层镀在玻璃上，玻璃不再需要擦拭，只要用水冲一下就能光亮如新；用在纤维表面，做出来的衣服清洗时不但不费力，还更加节水；镀在汽车的后视镜上，下雨天再也不用为看不清两侧的车而发愁……科技，源于生活，改变生活，让我们用善于发现的眼睛去寻找自然中的科技元素吧！

扫码观看演示视频

制作 公道杯

作者: 王 军

喝完饮料的空瓶子, 你会怎样处理? 我们可以把它变废为宝, 制作成一种特殊的容器——公道杯。

公道杯是我国古代的一种盛酒的器具, 具有酒过满则全部流出、一滴不剩的特点。下面我们就动手把饮料瓶变成公道杯。

公道杯

请准备

完成这个实验, 你需要准备的材料为: 饮料瓶、吸管、胶水、剪刀、钻孔工具、水。

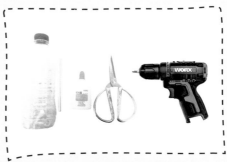

实验材料

来动手

1

在瓶盖上用钻孔工具打孔，孔的大小与吸管粗细相同。

2

用剪刀把瓶子剪成等长的两部分。

温馨提示

使用钻孔工具、剪刀时请注意安全，并在家长配合下完成。

3

把吸管沿皱褶处对折，变成两边不等长的倒U形。把长边剪掉一部分，但保留部分比短边长。

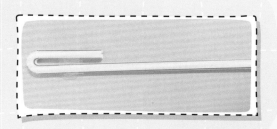

扫码观看演示视频

把吸管的长边插入瓶盖孔内；调整吸管的位置，使其短边靠近，但不接触瓶盖；用胶水把吸管固定在孔内（注意要完全密封不留缝隙）；然后把瓶盖拧在上半截瓶子的瓶口上。

把做好的部分安放在下半截瓶子上。

DIY 的公道杯制作完成了。往上部瓶子中注水，进行观察。

　　当杯中酒低于虹吸管顶部（最高水位）时，杯中酒还没有充满虹吸管，虹吸管内的酒只能停留在倒 U 形管的右端，酒不能从杯底排出；当酒等于或超过虹吸管顶部时，虹吸管内充满了酒，并且吸管右端（短的这一端）水位高时压强大，此时，酒从虹吸管左端底部排出，直至杯内酒与虹吸管右端管口（最低水位）齐平为止。

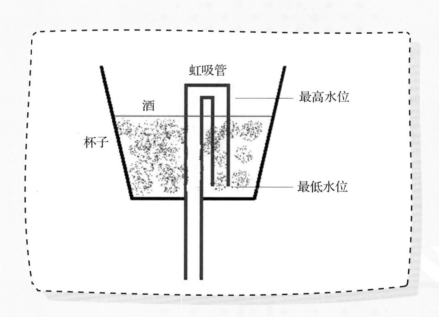

公道杯示意图